BEI GRIN MACHT SICH IHR WISSEN BEZAHLT

AF144288

- Wir veröffentlichen Ihre Hausarbeit,
  Bachelor- und Masterarbeit

- Ihr eigenes eBook und Buch -
  weltweit in allen wichtigen Shops

- Verdienen Sie an jedem Verkauf

Jetzt bei www.GRIN.com hochladen und kostenlos publizieren

Bibliografische Information der Deutschen Nationalbibliothek:

Die Deutsche Bibliothek verzeichnet diese Publikation in der Deutschen National-
bibliografie; detaillierte bibliografische Daten sind im Internet über http://dnb.d-
nb.de/ abrufbar.

Impressum:

Copyright © 2014 GRIN Verlag
Druck und Bindung: Books on Demand GmbH, Norderstedt Germany
ISBN: 9783346102690

Dieses Buch bei GRIN:

https://www.grin.com/document/512456

Sibylle Weiss

Aus der Reihe: e-fellows.net stipendiaten-wissen

e-fellows.net (Hrsg.)

Band 3319

Statistische Schätzung des Value-at-Risk zur Marktrisikoquantifizierung

GRIN Verlag

GRIN - Your knowledge has value

Der GRIN Verlag publiziert seit 1998 wissenschaftliche Arbeiten von Studenten, Hochschullehrern und anderen Akademikern als eBook und gedrucktes Buch. Die Verlagswebsite www.grin.com ist die ideale Plattform zur Veröffentlichung von Hausarbeiten, Abschlussarbeiten, wissenschaftlichen Aufsätzen, Dissertationen und Fachbüchern.

Besuchen Sie uns im Internet:

http://www.grin.com/

http://www.facebook.com/grincom

http://www.twitter.com/grin_com

Brandenburgische Technische Universität Cottbus-Senftenberg

Fakultät Maschinenbau, Elektrotechnik und Wirtschaftsingenieurwesen

Professurvertretung für Ökonometrie und Wirtschaftsstatistik

Statistische Schätzung des Value-at-Risk zur Marktrisikoquantifizierung

Seminararbeit

Abgabedatum: 10.01.2014

Vorgelegt von: Sibylle Weiss

Studiengang: BSc Wirtschaftsingenieurwesen 4.FS

Inhaltsverzeichnis

1. Einleitung

Es gibt viele Ansätze, Risiken innerhalb der Finanzwirtschaft zu bewerten. Während beidseitige Risikomaße (z.B. die Standardabweichung) Schwankungen um einen Erwartungswert betrachten, handelt es sich bei dem Value-at-Risk (VaR) um ein einseitiges, rein verlustorientiertes Risikomaß.[1] Im ersten Teil dieser Arbeit steht die Definition des VaR im Hinblick auf diskrete und hauptsächlich stetige Gewinn- und Verlustverteilungen im Mittelpunkt. Im zweiten Teil werden parametrische und nichtparametrische Schätzmethoden gegenübergestellt und die VaR-Berechnung unter Verwendung des Varianz-Kovarianz-Modells und der historischen Simulation an Beispielen demonstriert.

2. Value-at-Risk

Der VaR diente schon vor dessen Einzug in das Aufsichtsrecht der Banken Ende der 1990er Jahre als gängiges Risikomaß in der Schadenversicherungsmathematik. Dort wurde er hauptsächlich als „Ruin-Risikomaß" genutzt und bezog sich typischerweise auf Betrachtungszeiträume von einem Geschäftsjahr. Als Bankenaufsichtsrechtliches Risikomaß dient der VaR heute hauptsächlich der Erfassung von Marktrisiken in Handelsbeständen und betrachtet, typischerweise, Zeiträume von einem Tag bis zu einem Monat. Der Value-at-Risk kann als zusammenfassende, monetäre Zahl definiert werden, die den größtmöglichen Verlust einer Risikoposition mit einem bestimmten Sicherheitsniveau innerhalb einer bestimmten Zeitspanne quantifiziert. Dabei gilt

$$Sicherheitsniveau = 1 - \alpha \quad \text{und} \quad 0 < \alpha < 1.$$

Als Verlustgröße trägt der Value-at-Risk per Definition ein positives Vorzeichen. Beträgt der VaR einer Aktienposition mit Sicherheitsnievau von 95 % (α =5 %) und Haltedauer t = 1 Tag beispielsweise 10.000 \$, so wird mit einer Wahrscheinlichkeit von 95 % der Verlust (V) der Aktienposition innerhalb des nächsten Tages 10.000 \$ nicht übersteigen. Der VaR stellt eine Grenze dar, er trifft keine Aussagen darüber, wie die Verluste unterhalb dieser Grenze verteilt sind. Der im Beispiel mit 5 %

---

[1] Ein sogenanntes „Downside Risikomaß".

Wahrscheinlichkeit eintretende, größere Verlust als 10.000 $ kann demnach 11.000 $ oder auch 100.000 $ betragen. Wie bei allen zukunftsbezogenen Risikomaßen, handelt es sich bei dem VaR um eine Schätzung.

a.) Stetige vs. diskrete Verlustverteilung

Liegt dem VaR die Annahme einer stetigen Verlustverteilung zugrunde und beschreibt $f(v)$ deren Wahrscheinlichkeitsdichtefunktion, so kann (bei gegebenem Konfidenzintervall und Zeithorizont) mit

$$\alpha = \int_{VaR}^{\infty} f(v)dv = \Pr(V \geq VaR)$$

für den VaR gelöst werden. Die Dichtefunktion $f(v)$ ist entweder durch Annahme einer typischen stetigen Verteilung (z.B. Normalverteilung) bekannt oder wird durch historische oder simulierte Werte erzeugt. Liegt dem VaR hingegen eine diskrete Verlustverteilung zu Grunde, so kann er nicht durch Integration der Dichtefunktion ermittelt werden. Für die Berechnung ist der kleinste diskrete Wert der Verteilung zu identifizieren, der gerade noch Teil der größten $\alpha - \%$ aller Verluste ist. Es gilt

$$\Pr(V > VaR) \leq \alpha.$$

Eine solche Berechnung kann iterativ ausgeführt werden, indem in einem ersten Schritt die möglichen, diskreten Verluste (V) vom größten (v_1) bis zum kleinsten $(v_n, n \in \mathbb{N})$ sortiert werden und in einem zweiten Schritt folgender Algorithmus durchgeführt wird:

1. Start $i = 1$
2. Prüfe $\Pr(V > v_i)$

   ➢ Falls $\Pr(V > v_i) < \alpha$ → $i = i + 1$ → gehe zu 2
   ➢ Falls $\Pr(V > v_i) > \alpha$ → Stopp → $VaR = v_{i-1}$
   ➢ Falls $\Pr(V > v_i) = \alpha$ → Stopp → Spezialfall

Gilt für die Verluste (V) einer diskreten Verteilung beispielsweise $V_i = \{10; 1; 0\}$ mit den jeweiligen Eintrittswahrscheinlichkeiten $\Pr(V_i) = \{1\%; 4\%; 95\%\}$ und $(1 - \alpha) = 98\%$, dann lässt sich der VaR wie folgt berechnen:

Verlust in absteigender Reihenfolge: $v_i = \{10; 1; 0\}$

1. Start $i = 1$
2. Prüfe $\Pr(V > v_i)$

4

- $\Pr(V > 10) = 0 < 0{,}02$ → $i = 1 + 1 = 2$ → gehe zu 2
- $\Pr(V > 1) = 0{,}01 < 0{,}02$ → $i = 2 + 1 = 3$ → gehe zu 2
- $\Pr(V > 0) = 0{,}05 > 0{,}02$ → $VaR = v_2 = 1$

Gilt für das Sicherheitsniveau 95% anstatt 98%, also $\alpha = 0{,}05$ so ist

$$\Pr(V > 0) = 0{,}05 = \alpha.$$

Damit würde der VaR gemäß $\Pr(V > VaR) \le \alpha$ für diskrete Verteilungen den Wert 0 annehmen während er gemäß $\Pr(V \ge VaR) = \alpha$ für stetige Verteilungen den Wert 1 Annehmen würde. Alternativ könnte man den Mittelwert der beiden Ergebnisse ermitteln, wobei der VaR den Wert 0,5 annehmen würde.

b.)   Definition des VaR für Gewinn- und Verlustverteilungen

Der VaR kann sowohl aus der Gewinn-, als auch aus der Verlustverteilung berechnet werden. Da sich der Verlust auch immer als negativer Gewinn ausdrücken lässt, entspricht der VaR zum Sicherheitsniveau $(1 - \alpha)$ dem negativen α −Quantil der Gewinnverteilung und dem $(1 - \alpha)$ − Quantil der Verlustverteilung einer Risikoposition über deren Haltedauer. Für die Verteilungen gilt dann

$$\Pr(V \ge VaR) = \alpha \quad \text{und}$$

$$\Pr(G \le VaR_\alpha) = \alpha.$$

Beträgt der VaR einer Verlustverteilung zu einem Sicherheitsniveau von 95% mit einem mittleren Verlust von $\mu = -10\ \$$ beispielsweise 3 \$, so entsprechen diese 3 \$ dem 95%-Quantil der Verteilung. Abbildung 1 zeigt den Graph einer Dichtefunktion die den Werten des Beispiels zu Grunde liegen könnte. Solange das α-Quantil (in Abb.1 rot) die Verlustwahrscheinlichkeit (in Abb.1 grün) nicht übersteigt, trägt der VaR ein positives Vorzeichen.

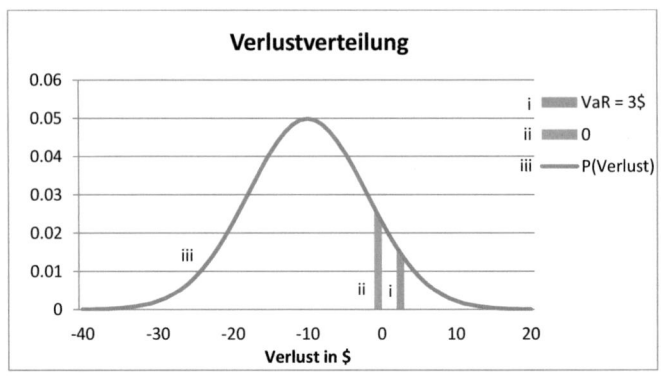

Abbildung 1.: Wahrscheinlichkeitsdichtefunktion (Verluste)

In manchen Fällen ist die Wahrscheinlichkeit eines positiven Verlustes derart gering, dass der VaR bei der Betrachtung der Verlustverteilung negativ ist. Wird der mittlere Verlust von $\mu = -10$ mit $\mu = -15$ ersetzt, so erhalten wir, ceteris paribus, für den VaR einen theoretischen Wert von -1,8$. Das negative Vorzeichen kommt daher, dass $\Pr(V > 0) < (1 - \alpha)$. Betrachten wir nun wieder den Erwartungswert der Verlustverteilung von $\mu = -10$\$ und überführen diesen in den entsprechenden Wert der Gewinnverteilung, dann gilt für den durchschnittlichen tägliche Gewinn (G) der gleichen Risikoposition $\mu = 10$\$. Der VaR von 3$ entspricht allerdings nicht, wie bei der Verlustverteilung, dem 95%-Quantil der Verteilung sondern dem negativen 5%-Quantil der Gewinnverteilung, der in Abbildung 2 für eine mögliche Gewinnverteilung rot markiert ist.

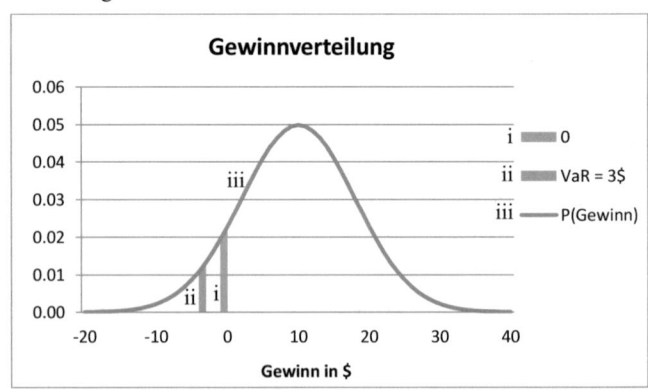

Abbildung 2.: Wahrscheinlichkeitsdichtefunktion (Gewinne)

3. Schätzmethoden des VaR

Die Schätzung des VaR kann grundsätzlich auf zwei Wegen erfolgen: mit parametrischen (analytischen) und nicht-parametrischen (numerischen) Modellen. Während die parametrischen Ansätze den betrachteten Gewinn- bzw. Verlustvariablen eine Verteilung zugrunde legen, basieren die numerischen Modelle auf historischen Daten oder simuliert mit Hilfe eines Algorithmus eigene Datensätze für die Zukunft. In den folgenden zwei Abschnitten werden beide Herangehensweisen anhand ausgewählter Modelle charakterisiert und deren Vor- und Nachteile erörtert.

a.) Parametrische Schätzmethoden

Im Rahmen der parametrischen Schätzmethoden wird zunächst eine Verteilungsannahme zugrunde gelegt. In einem Zweiten Schritt werden die Parameter ermittelt, die zur Aufstellung der entsprechenden Wahrscheinlichkeitsdichtefunktion notwendig sind. Durch Einsetzen der, dem Konfidenzintervall entsprechenden, Wahrscheinlichkeit[2] in die zugehörige Verteilungsfunktion, kann diese dann für den VaR gelöst werden. Wird in diesem Zusammenhang eine Normalverteilung angenommen, so spricht man vom Varianz-Kovarianz-Modell oder dem analytischen Delta-Normal-Ansatz.[3]

Beispiel 1

Für ein 1.000.000\$ Wertpapier Portfolio (BMW) mit Haltedauer $t = 1$Tag und Konfidenzniveau von 95 % soll der VaR unter Verwendung des Varianz-Kovarianz-Modell ermittelt werden. Für die Verluste (V) wird $V \sim N(\mu; \sigma)$ mit $\sigma = 13.087,7\$$ und $\mu = 840,6\$$ angenommen.

Lösung:

Die Wahrscheinlichkeitsdichtefunktion der Standardnormalverteilung $\varphi(z)$[4] und die entsprechende Verteilungsfunktion $\Phi(z)$ sind beschrieben durch

---

[2] Bei Betrachtung der Verlustverteilung: $1 - \alpha$, bei Betrachtung der Gewinnverteilung: α.
[3] Parametrische Schätzmethoden lassen sich auf Grundlage der angenommenen Verteilung in unterschiedliche Modelle einteilen.
[4] Mit Hilfe der Standardisierung können die Quantil-Werte aus der Tabelle der Standardnormalverteilung abgelesen und im Anschluss in die entsprechenden Werte der Normalverteilung überführt werden.

$$\varphi(z) = \frac{1}{\sqrt{2\pi}} e^{-\frac{1}{2}z^2} \quad \text{und}$$

$$\Phi(z) = \frac{1}{\sqrt{2\pi}} \int_{-\infty}^{z} e^{-\frac{1}{2}z^2} dz.$$

Der z-Wert für das gegebene Konfidenzintervall kann mit

$$z = \frac{v - \mu}{\sigma}$$

in den Verlustwert $v = \mu + z\sigma = VaR$ überführt werden. Mit $z_{0,95} = 1{,}64$ erhält man

$$VaR = -840{,}6\$ + (1{,}64)(13.087{,}7\$) \approx 20.700\$.$$

Abbildung 3 zeigt den Graph der Dichtefunktion der zugrunde gelegten Verlustverteilung des BMW Portfolios mit dem VaR im 95%-Quantil der Verteilung.

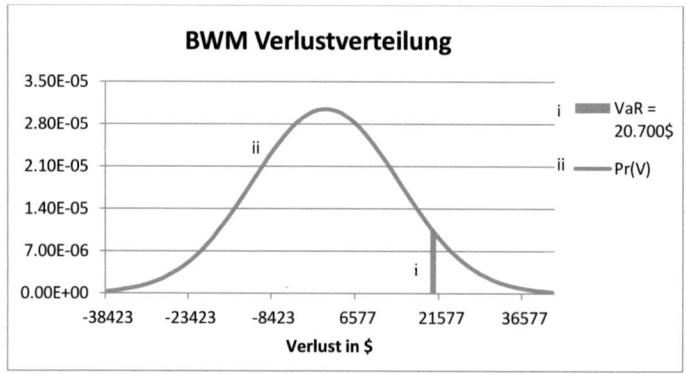

Abbildung 3.: Wahrscheinlichkeitsdichtefunktion der BMW-Portfolioverluste

Zur Berechnung des VaR eines gemischten Portfolios, müssen neben den Erwartungswerten (μ_i) und den Volatilitäten (σ_i) für die Verluste der einzelnen Wertpapiere auch deren Gewichtung (w_i) im Portfolio, sowie deren Verlustkovarianzen (σ_{ij}) untereinander bekannt sein. Dann kann der Portfolioerwartungswert (μ_P) und die Portfoliovolatilität (σ_P) ermittelt werden und unter der Annahme $V_i \sim N(\mu_i \sigma_i)$ mit

$$VaR = \mu_P + z\sigma_P$$

der Value-at-Risk des Portfolios berechnen werden. Für das gemischte Portfolio aus $P = \{A; B; C\}$ gilt beispielsweise

$$\mu_P = w_A\mu_A + w_B\mu_B + w_C\mu_C \qquad \text{und}$$

$$\sigma_P^2 = w_A^2\sigma_A^2 + w_B^2\sigma_B^2 + w_C^2\sigma_C^2 + 2w_Aw_B\sigma_{AB} + 2w_Aw_C\sigma_{AC} + 2w_Bw_C\sigma_{BC}.$$

Steigt die Anzahl der Wertpapiere eines gemischten Portfolios, so lassen sich die Parameter zur Berechnung des VaR einfacherer durch Matrizenmultiplikation ermitteln. Dafür werden die Wertpapierverluste (V_i), deren Gewichtung (w_i) und Erwartungswerte (μ_i) als Vektoren sowie deren Varianzen σ_{ij} als Matrix dargestellt:

$$\mathbf{V} = \begin{pmatrix} V_A \\ V_B \\ V_C \end{pmatrix} \quad \mathbf{w} = \begin{pmatrix} w_A \\ w_B \\ w_C \end{pmatrix} \quad \mathbf{\mu} = \begin{pmatrix} \mu_A \\ \mu_B \\ \mu_C \end{pmatrix} \quad \text{var}(\mathbf{V}) = \begin{pmatrix} \sigma_A^2 & \sigma_{AB} & \sigma_{AC} \\ \sigma_{AB} & \sigma_B^2 & \sigma_{BC} \\ \sigma_{AC} & \sigma_{BC} & \sigma_C^2 \end{pmatrix} = \Sigma$$

Daraus ergibt sich der Portfolioverlust

$$V_p = \mathbf{w}^T\mathbf{V} = (w_A \quad w_B \quad w_C)\begin{pmatrix} V_A \\ V_B \\ V_C \end{pmatrix} = w_AV_A + w_BV_B + w_CV_C$$

und der Erwartungswert des Portfolios

$$\mu_P = \mathbf{w}^T\mathbf{\mu} = (w_A \quad w_B \quad w_C)\begin{pmatrix} \mu_A \\ \mu_B \\ \mu_C \end{pmatrix} = w_A\mu_A + w_B\mu_B + w_C\mu_C.$$

Die Portfoliovarianz σ_P^2 ist dann

$$\sigma_P^2 = var(\mathbf{w}^T\mathbf{V}) = \mathbf{w}^T\Sigma\mathbf{w} = (w_A \quad w_B \quad w_C)\begin{pmatrix} \sigma_A^2 & \sigma_{AB} & \sigma_{AC} \\ \sigma_{AB} & \sigma_B^2 & \sigma_{BC} \\ \sigma_{AC} & \sigma_{BC} & \sigma_C^2 \end{pmatrix}\begin{pmatrix} w_A \\ w_B \\ w_C \end{pmatrix}$$

$$= w_A^2\sigma_A^2 + w_B^2\sigma_B^2 + w_C^2\sigma_C^2 + 2w_Aw_B\sigma_{AB} + 2w_Aw_C\sigma_{AC} + 2w_Bw_C\sigma_{BC}.$$

Beispiel 2

Tabelle 1 listet die Kovarianzen der Renditen von fünf Großbanken auf. Die Werte beruhen auf historischen Daten der Banken im Jahr 2013.

Tabelle 1.: Kovarianzmatrix: fünf Großbanken

Kovarianz	JPM	MS	UBS	HSBC	Nomura
JPM	1,46E-04	1,36E-04	1,00E-04	6,94E-05	1,22E-04
MS	1,36E-04	3,18E-04	1,40E-04	9,17E-05	1,66E-04
UBS	1,00E-04	1,40E-04	2,62E-04	9,43E-05	1,44E-04
HSBC	6,94E-05	9,17E-05	9,43E-05	1,21E-04	1,15E-04
Nomura	1,22E-04	1,66E-04	1,44E-04	1,15E-04	6,73E-04

Es ist der VaR eines Portfolios zu berechnen, das mit jeweils einer Millionen $ in den fünf Banken investiert ist. Die Haltedauer beträgt einen Tag und $\mu = 0$. Für die Portfoliorendite (R_P) gilt $R_P \sim N(\mu_P \sigma_P)$.

Lösung:

$$w = \begin{pmatrix} 0,2 \\ 0,2 \\ 0,2 \\ 0,2 \\ 0,2 \end{pmatrix} \qquad \Sigma = \text{var}(\mathbf{R}) = \begin{pmatrix} 1,46E - 04 & \cdots & 1,22E - 04 \\ \vdots & \ddots & \vdots \\ 1,22E - 04 & \cdots & 6,73E - 04 \end{pmatrix}$$

$$\sigma_P^2 = w^T \Sigma w = (0,2 \quad \cdots \quad 0,2) \begin{pmatrix} 1,46E - 04 & \cdots & 1,22E - 04 \\ \vdots & \ddots & \vdots \\ 1,22E - 04 & \cdots & 6,73E - 04 \end{pmatrix} \begin{pmatrix} 0,2 \\ \vdots \\ 0,2 \end{pmatrix} = 0,016\%$$

$$\sigma_P^\% = 1,25\%$$

$$\sigma_P = 0,0125 * 5.000.000\$ = 62.500\$$$

$$VaR = (1,645)(62.500\$) = 102.812\$$$

Vorteile der parametrischen VaR-Modelle sind ihre einfache Durchführung und die Tatsache, dass für die VaR-Berechnung keine großen Datenmengen nötig sind. Die Aussagekraft der parametrischen Methoden basieren allerdings auf der Korrektheit der angenommenen Wahrscheinlichkeitsverteilungen. Im Falle des Varianz-Kovarianz-Modells stellt sich die Frage, ob die Annahme der Normalverteilung von Verlusten oder Renditen gerechtfertigt ist. Der Beantwortung dieser Frage wird im Anschluss an die nichtparametrischen Schätzmethoden nachgegangen.

b.)   Nichtparametrische Schätzmethoden

Im Gegensatz zu den analytischen Schätzverfahren, wird für die Berechnung des VaR mit Hilfe der nichtparametrischen Schätzmethoden, keine Verteilungseigenschaft für die betrachteten Verluste angenommen sondern numerische Quantil-Berechnungen großer Datenmengen durchgeführt. Diese Datenmengen können, wie zum Beispiel bei der Monte-Carlo-Simulation oder dem Bootstrapping, für die Zukunft simuliert werden, oder, wie bei der historischen Simulation, aus früheren, reale Verteilung stammen. Bei der Monte-Carlo-Simulation werden die Werte mit Hilfe eines Algorithmus (z.B. der geometrischen Brownschen Bewegung) in die Zukunft simuliert während beim Bootstrapping eine willkürliche

Auswahl historischer Perioden (meißt ein Tag) getroffen wird und ein Durchschnittswert dieser Periode (der sich aus den einzelnen Risikopositionen des betrachteten Portfolios ergibt) gebildet. Beispiel 3 demonstriert die Vorgehensweise der historischen Simulation.

Beispiel 3

Portfolio G besteht zu je 100$ aus Aktien der Firmen Amazon, Ebay und Yahoo. Es soll der VaR des Portfolios mit CI = 95% und Haltedauer von einem Tag berechnet werden.

Lösung

In einem ersten Schritt werden die historischen Preise der drei Wertpapiere abgerufen und deren tägliche log-Renditen berechnet. Die Renditen werden dann gewichtet und ein Portfoliorenditevektor erstellt. Dann werden die Portfoliorenditen sortiert und deren Frequenzen ermittelt. In diesem Beispiel wurden zu Demonstrationszwecken lediglich die historischen Preise der Firmen der letzten 100 Tage (2012) betrachtet. Abbildung 4 zeigt die tägliche Ertragsverteilung des Portfolios basierend auf diesen Daten.

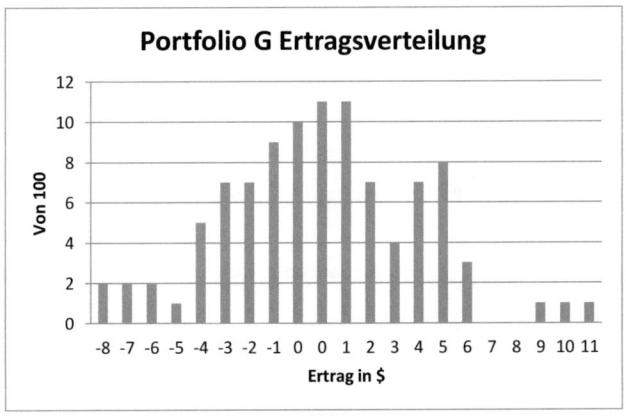

Abbildung 4.: Historische Simulation der Ertragsverteilung

Ein Konfidenzintervall von 95% bedeutet für die Ertragsverteilung, dass es sich bei dem VaR um das negative 5%-Quantil der Verteilung handelt. In dem einfachen Fall der 100 Tage entspricht das dem 5. Wert der Verteilung. Dieser kann in Abbildung 3 abgelesen mit Hilfe einfacher Programme berechnet werden und beträgt in diesem Beispiel 6,9$.

Die historische Simulation ist intuitiv und einfach zu berechnen. Im Gegensatz zu den parametrischen Methoden läuft man bei deren Nutzung nicht die Gefahr, eine falsche Verteilung für die betrachteten Werte anzunehmen. Die nichtparametrischen Schätzmethoden sind außerdem ein Schritt in die Einbeziehung der extremeren Werte. Nachteile der nicht-parametrischen Methoden sind die große Menge der benötigten Daten. In Beispiel 4 werden die VaR-Ergebnisse einer Risikoposition jeweils unter Anwendung der historischen Simulation und des Varianz-Kovarianz-Modells ermittelt und genübergestellt.

Beispiel 4

Aus den historischen Preisen des Dax (2012) ergeben sich für die täglichen Renditen $\mu = 0,095\%$ und $\sigma = 1,295\%$. Tabelle 2 listet die VaR-Werte die für die Sicherheitsniveaus{95%; 99%; 99,9%} mit Hilfe des Varianz-Kovarianz-Modells und der historischen Simulation berechnet wurden.

Tabelle 2.: Vergleich der VaR-Werte auf Basis der Normalverteilung und der historischen Simulation

VAR-Sicherheitsniveau	Normalverteilung	Historische Simulation
95%	2,2%	2,7%
99%	3,1%	5,2%
99,9%	4,1%	7,3%

Abbildung 5 zeigt die beiden Graphen der Zugrunde gelegten Renditen. Wie erwartet liegt die Wahrscheinlichkeitsdichtefunktion der Normalverteilung im Bereich extremer Rendite unter der Funktion der historischen Simulation.

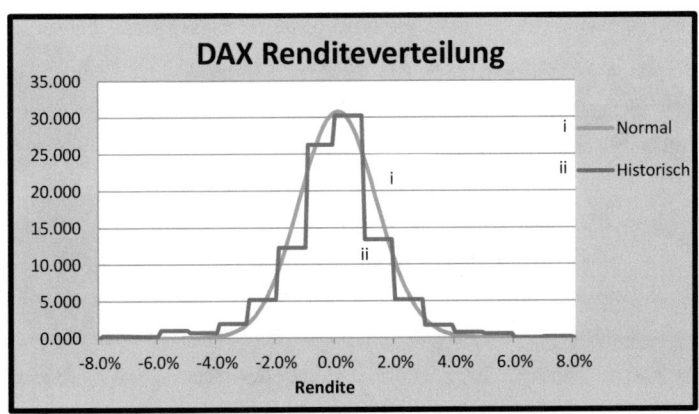

Abbildung 5.: Wahrscheinlichkeitsdichtefunktionen der Renditen

Der VaR für das 99,9% Sicherheitsniveau der Historischen Simulation besagt, dass das betrachtete Wertpapier an ungefähr einem von 1000 Tagen (4 Geschäftsjahre) um mehr als 7,3% fällt. Berechnen wir das entsprechenden Sicherheitsniveau für einen 7,3%-Wert der Normalverteilung erhalten wir mit

$$VaR_?^\% = 7,3\% = (0,095\%) + (1,295\%)(z_\alpha)(-1)$$

den Wert

$$z_\alpha = \text{-5,6 und damit } \alpha = 0,001\%.[5]$$

Das betrachtete Wertpapier fällt laut diesem Ergebnis an einem von 100.000 Tagen (400 Geschäftsjahre) um mehr als 7,3%. Dieses Ergebnis zeigt, dass die Annahme einer Normalverteilung die Eintrittswahrscheinlichkeiten in den Extrembereichen unterschätzt.

4. Zusammenfassung

Der Value-at-Risk fasst das Marktrisiko der betrachteten Position in eine einzige monetäre Zahl zusammen und ermöglicht dadurch eine schnelle und einfache Beurteilung dieses Risikos, sowie eine Vergleichbarkeit unterschiedlicher Risikopositionen. Allerdings ist der VaR je nach Berechnungsmodell abhängig von einer Vielzahl von Annahmen und Stichprobenschätzungen. Werden falsche

---

[5] Ergibt sich aus der Tabelle der Standardnormalverteilung

Verteilungsannahmen gemacht verliert der VaR an Aussagekraft. Werden lediglich Trends der Vergangenheit in die Zukunft übertragen, so antizipiert der VaR zukünftige Ausnahmezustände oft nicht ausreichend. Selbst wenn durch entsprechende Verteilungsannahmen[6] oder historische Simulationen die „left tails" berücksichtigt werden, so können unbekannte, extreme Ereignisse[7] mit dem VaR nicht erfasst werden. Das liegt daran, dass sie zwar theoretisch möglich, aber historisch noch nie eingetreten sind. Darüber hinaus vernachlässigt der VaR das Liquiditätsrisiko, weshalb in nicht-liquiden Märkten die Verluste weitaus höher ausfallen können als der VaR annehmen lässt. In diesem Zusammenhang steht auch die Verwendung von Korrelationen innerhalb der meißten VaR-Schätzmethoden. Damit Korrelationsberechnungen Aussagekräftig sind muss über den betrachteten Zeitraum eine stationäre Statistik unterstellt werden, das heißt, die Korrelationen müssen stabil sein. Zum Zeitpunkt massiver Marktverwerfungen, wie sie beispielsweise in eine Finanzkrise auftauchen, brechen aber die Korrelationsfunktionen zusammen und das Marktverhalten verändert sich. Dann müsste das Modell theoretisch sofort angepasst werden, was sich durch das Fehlen historischer Daten eines neuen Modells als schwierig erweist. Zuletzt trifft der VaR keine Aussage über die Verluststruktur der Werte die den VaR überschreiten[8]. Wird der VaR für Risikobeurteilungen genutzt, ist es daher unerlässlich dessen Fehlerquellen zu kennen und sich darüber im Klaren zu sein, worüber er Aussagen trifft und welche Bereiche er vernachlässigt.

---

[6] Z.B. Lévy-Verteilung
[7] Sogenannte Black Swans
[8] Ein Risikomaß das sich mit der Verluststruktur beschäftigt ist der Conditional-VaR.

5. Quellenverzeichnis

- Hull, J. (2010). Risikomanagement: Banken, Versicherungen und andere Finanzinstitutionen. Madrid: Pearson.
- Huschens, S. (2000). Value-at-Risk-Schlaglichter [online], erreichbar unter: http://wwqvs.file3.wcms.tu-dresden.de/publ/schlag.pdf [abgerufen am 10.01.14].
- Koryciorz, S. (2004). Sicherheitskapitalbestimmung und -allokation in der Schadenversicherung: Eine risikotheoretische Analyse auf der Basis des Value-at-Risk und des Conditional Value-at-Risk. Karlsruhe: Verlag Versicherungswirtschaft (VVW).
- Radnikow, G. (2005). "Value-at-Risk" und "Expected Shortfall": Eine kritische Analyse vor dem Hintergrund der Derivateverordnung. Stuttgart: Agentur Diplom.

6. Abbildungs- und Tabellenverzeichnis

Alle Abbildungen und Tabellen sind eigene Darstellungen. Die Daten, die für deren Erstellung genutzt wurden stammen von

- Yahoo Finance [online], erreichbar unter: www.finance.yahoo.com [abgerufen am: 10.01.14]

BEI GRIN MACHT SICH IHR
WISSEN BEZAHLT

- Wir veröffentlichen Ihre Hausarbeit,
  Bachelor- und Masterarbeit

- Ihr eigenes eBook und Buch -
  weltweit in allen wichtigen Shops

- Verdienen Sie an jedem Verkauf

Jetzt bei www.GRIN.com hochladen und kostenlos publizieren